新材料

撰文/许信凯　王贤军　　　审订/陈建瑞

中国盲文出版社

怎样使用《新视野学习百科》？

> 请带着好奇、快乐的心情，展开一趟丰富、有趣的学习旅程！

1 开始正式进入本书之前，请先戴上神奇的思考帽，从书名想一想，这本书可能会说些什么呢？

2 神奇的思考帽一共有6顶，每次戴上一顶，并根据帽子下的指示来动动脑。

3 接下来，进入目录，浏览一下，看看这本书的结构是什么，可以帮助你建立整体的概念。

4 现在，开始正式进行这本书的探索啰！本书共14个单元，循序渐进，系统地说明本书主要知识。

5 英语关键词：选取在日常生活中实用的相关英语单词，让你随时可以秀一下，也可以帮助上网找资料。

6 新视野学习单：各式各样的题目设计，帮助加深学习效果。

7 我想知道……：这本书也可以倒过来读呢！你可以从最后这个单元的各种问题，来学习本书的各种知识，让阅读和学习更有变化！

神奇的思考帽

客观地想一想

用直觉想一想

想一想优点

想一想缺点

想得越有创意越好

综合起来想一想

? 你觉得什么样的材料才可以称为新材料？

? 同样是餐具，你喜欢用哪种材料做成的？

? 新材料的研发对人类有什么帮助？

? 人工制造的器官可以完全取代原来的吗？

? 如果你想设计一台最新的自行车，会用到哪些材料？

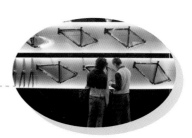

? 目前新材料的发展有哪些特色？

目录

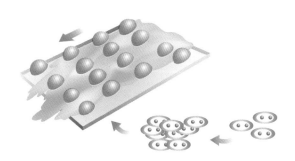

 神奇的思考帽

从传统材料到新材料　06

陶瓷材料　08

金属材料　10

高分子材料　12

复合材料　14

光电材料　16

磁性材料　18

储能材料　20

生物医用材料　22

纳米材料　24

半导与超导材料　26

非晶质材料　28

绿色环保材料　30

材料分析与检测技术　32

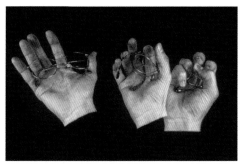

CONTENTS

■英语关键词 34

■新视野学习单 36

■我想知道…… 38

■专栏

美国飞鱼的8金传奇 07

陶瓷引擎 09

飞行金属——铝合金 11

生物吸收性高分子材料 13

飞机的隐形外衣 14

动手做小猪扑满 15

内视镜 17

电脑硬盘 19

燃料电池 21

白色血液 23

纳米胶囊 25

磁共振成像 27

金属玻璃 29

玉米塑胶 31

世界上最小的字 33

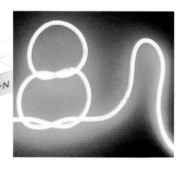

从传统材料到新材料

（硅晶圆，图片提供/维基百科，摄影/FxJ）

人类的历史从古至今，都与材料的利用息息相关，所谓的石器、青铜器与铁器时代，都是以材料作为人类历史进步的标志。工业革命之后，材料更是工业的基石。直到现代，材料科学结合理论与应用，在电子、资讯、通讯、航天、机械及光电产业中都扮演着推手的角色，例如有了硅晶圆材料的发展，才有了电子电机产业的突飞猛进。各种新材料的出现，也将带给人类更舒适便捷的生活。

传统材料

日常生活中，许多产品都是由传统材料所制造。所谓传统材料的范围非常广，包括传统原物料和传统材料，前者如金属、矿石、木材、橡胶、石油、煤、农作物等，后者如铁、钢、铜等各类金属材料或是碳、硅、硫等各类非金属材料。另外，自然界中可天然形成的纯物质（元素和化合物）及混合物、人工合成的传统材料，或是功能及性质已被新材料取代的材料，也可称为传统材料。随着科技的发展，不断有新材料出现，也不断有新材料变成传统材料，所以传统材料的种类会越来越多。

磁悬浮列车是运用超导材料，车速比有轨电车还快。图为行驶于日本爱知世界博览会场的磁悬浮列车。（图片提供/GFDL，摄影/Chris 73）

我国国家大剧院的建造，结合了传统和新式建材，外墙采用钛金属和玻璃。由于主体建筑被水环绕，又称为"水煮蛋"。（图片提供/达志影像）

新材料

波音767

波音787

所谓新材料是将传统材料以不同的配方或组成、不同的制程、不同的制造方法，所开发出具有新的性质与结构，拥有更强功能或新的应用领域等，用来取代传统材料的新型材料。在我们生活的周围已有许多新材料的应用，这些产品外观并无太大改变，但内在却已采用新材料，让效能更加提升，达到更轻、更省、更方便、更环保的目标。例

波音787的机身使用较轻的复合材料，加上效能更高的发动机与新科技的运用，号称比其他同型机种节省近两成的燃料。上图为波音787的组装，左图为波音787与同型波音767的耗油比较示意图。（上图：维基百科，摄影markjhandel；左图插画/施佳芬）

如波音787客机，外壳采用碳纤维强化高分子复合材料，降低飞机重量，可节省耗油；笔记本电脑采用超轻质镁锂合金机壳，让电脑变得更轻并增强防撞能力；利用高乱度合金所制成的高频变压器，效率更高也更省电；采用GORE-TEX材质的运动衣物，不仅可以防水挡风，还可减轻重量，大大增加了户外活动的便利性。以玉米塑胶作为塑胶制品的原料，让塑胶制品可在土壤中分解，不会造成环境的污染。

美国飞鱼的8金传奇

在2008年北京奥运会的游泳比赛中，有"飞鱼"之称的菲尔普斯，不但创下许多新的世界纪录，还为美国队拿下8金。菲尔普斯的成就，除了自身的努力与天分，背后现代高科技的力量也不容忽视，尤其是他所穿着的泳衣，是由英国Speedo公司和美国NASA所研发的"Fastskin LZR Racer"。这款泳衣是使用LZR Pulse纤维，由弹性纤维和极细纱线所组成，具有极轻、低阻力、吸水量少、快干等特性。当选手穿上LZR Racer泳衣后，能降低游泳时的水中阻力10%，以及减轻体能负荷（氧气消耗量减少5%），因而提高了游泳速度。

LZR Racer泳衣在2008年2月问世后，穿着该泳衣的选手们，在短短3个月内便打破35项世界纪录。图为身穿LZR Racer的菲尔普斯。（图片提供/欧新社）

用玉米塑胶制成的塑胶杯，可在土里分解，不会造成环境的负担。（图片提供/GFDL，摄影/Ildar Sagdejev）

单元2

陶瓷材料

（电容器，图片提供/维基百科，摄影/Smial）

陶瓷材料分为传统陶瓷及精密陶瓷。传统陶瓷主要原料大多为硅酸盐类，常见的器皿、砖瓦、花瓶、马桶、浴缸等都是。传统陶瓷虽然比一般材料耐高温、耐腐蚀，而且绝热绝电，但质地硬脆，缺乏延展性及韧性，应用在工业上仍有许多限制。精密陶瓷则是指以各种不同的成分配方及制造程序所制造的特殊陶瓷材料，具有优异的机械性质（强度、硬度等）、电磁性质、电热性质，这些都是传统陶瓷所没有的特殊性质与功能。

介电陶瓷材料

一般的介电物质就是指绝缘体，在电子陶瓷材料中应用最广的是介电陶瓷材料，经常用来制造电容器。电容器是一般电子产品中不可或缺的重要元件，是由两片非常靠近的电极（导体）组成，利用两个电极间的电

当航天飞机从外太空进入大气层时，外部会产生近千度的高温，所以航天飞机的外部贴有特殊陶片用来阻隔高温。（图片提供/NASA）

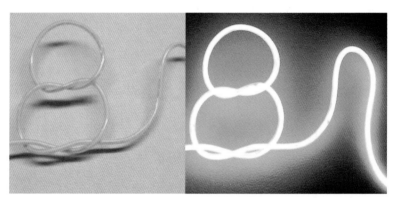

常见的电激发光用品（冷光），制作时须涂上介电陶瓷。图为通电前后的冷光灯管。（图片提供/维基百科，摄影/Yatobi）

场来储存能量；两电极间有介电物质，以保持电中性，这里的介电物质大多使用介电陶瓷材料（例如钛酸钡）。目前介电陶瓷材料也应用在动态随机存取存储器DRAM上，并朝开发超高容量DRAM的方向迈进。

压电陶瓷材料

1880年，居里兄弟在石英、闪锌矿等单晶体中发现，当材料承受压力时，会在晶体内部产生电效应，也就是

右图：一般煤气灶所用的转动式开关，是利用压电陶瓷材料的正压电效应，借由机械能转换成电能。（图片提供/GFDL，摄影/M.Minderhoud）

“压电效应”。后来又在钛酸钡、钛酸铅锆、锆酸铅等陶瓷材料中发现，当陶瓷材料受到压力时，会因材料的弹性变形，而使材料的晶体结构产生电荷分布的偏极化，并在材料的不同端产生不同的表面电荷，因而发现某些陶瓷材料也具有压电效应，这种陶瓷材料称为“压电陶瓷材料”。压电效应可分为正、负压电效应，前者是由压力产生电的效应，也就是由机械能转换成电能，后者是由电能转换成机械能。利用压电陶瓷材料正压电效应制造出的产品，有压电点火器、压力感测器、压电触碰式开关等；利用负压电效应制造出的产品，有超声波的发射器（声纳）、洗碗机、洗衣机、医用诊断器材，以及压电电动机、喷墨打印机喷头清洗设备等。

医学检查常使用的超声波，便是利用负压电效应。图为新加坡动物园的兽医，以超声波检查马来貘体内的小马来貘宝宝。（图片提供/欧新社）

陶瓷引擎

所谓的陶瓷引擎并不是引擎本体的材料全都用陶瓷材料制造，而是在以铸铁或铝合金为引擎汽缸本体的汽缸壁表面，镀上一层或多层的陶瓷材料薄膜，如氮化硅、氧化锆。因为镀上的陶瓷材料薄膜具有强硬度大、耐磨性佳、耐热性佳、绝热性佳等特性，除了可提高引擎燃烧室的燃烧温度，让引擎更有效率，也能让引擎在使用一段时间后不容易发生汽缸磨损的状况，进而延长引擎的使用寿命。

潜水艇必须靠着声纳来侦测位置或敌情，声纳仪器就是使用压电陶瓷材料。（图片提供/维基百科）

金属材料

（汽车轮胎的钢圈，图片提供/GFDL，摄影/Florian Lindner）

在学术研究上，"金属"大多是指金属元素，目前自然界中约有88种，在常温中有固态金属元素（铜、银、铅、铝等）及液态金属元素（水银）。在工业应用上所称的金属材料则是指金属或合金，合金是两种或两种以上的金属、或是金属与非金属结合而成的金属材料。

形状记忆合金

这是一种能够记忆原有形状的机能性材料，当合金在低温下受到有限度的塑性变形后，可由加热的方式恢复到变形前的形状，这种经过一定温度感应后会恢复原有形状的现象，称为"形状记忆效应"。形状记忆

奥斯卡金像奖的小金人是利用合金铸成，从里到外分别镀上铜、镍、银和黄金。（图片提供/达志影像）

合金有镍钛合金、铜锌铝合金，最初是美国应用在航天工业上，后来则延伸到人造卫星的天线、人造关节、防火门、温度传感器、智慧镜框等。例如市面上常见的魔术钢圈胸罩，就是在胸罩内以形状记忆合金作为骨架，当它受到清洗等外力作用而变形后，只要穿回身上，通过人体温度的感应作用，它的形状在短时间内便会恢复原状，这也让魔术胸罩比一般胸罩更好穿。

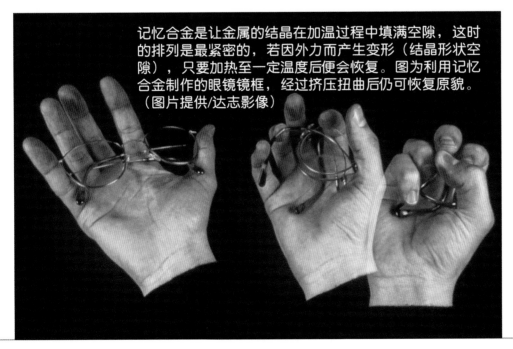

记忆合金是让金属的结晶在加温过程中填满空隙，这时的排列是最紧密的，若因外力而产生变形（结晶形状空隙），只要加热至一定温度后便会恢复。图为利用记忆合金制作的眼镜镜框，经过挤压扭曲后仍可恢复原貌。（图片提供/达志影像）

利用高温让记忆合金花瓣保持花开的形状记忆

当温度下降时，花瓣的记忆不在而产生变形

再度增温时，花瓣回到原本状态

左图：利用花开花谢来表示记忆合金原理。（插画/施佳芬）

位于西班牙的毕尔巴鄂古根海姆美术馆，外墙是用钛金属打造而成，相当特殊。（图片提供/GFDL，摄影/MykReeve）

魔术胸罩是女性内衣的一大创新，利用记忆合金让胸罩能更贴身。（图片提供/达志影像）

镁锂合金

在镁金属中添加锂元素所形成的镁锂合金，是目前常用的结构金属材料中，密度最低及最轻者，与密度差不多的工程塑胶相比，镁锂合金在强度、硬度、刚性、耐热、散热等特性上，都比工程塑胶佳。早在1960年左右，美国航空航天局便将镁锂合金应用在航天工业的零件上。由于镁锂合金具有超轻质及防电磁波干扰性佳等特性，也常用来制造军用无人飞机；生活中的笔记本电脑机壳、喇叭振动薄膜、电池电极、运动器材、自行车车架与零件等，也常利用到镁锂合金。

协和号利用铝合金打造而成，因此降低了飞机本身的重量，加快了飞行速度。（图片提供/维基百科，摄影/Adrian Pingstone）

飞行金属——铝合金

我们在日常生活最常见的金属材料，除了钢铁材料外，就是铝合金，例如铝门窗、铝合金轮圈、汽车引擎、自行车车架、3C产品外壳、航天零件等。由于纯铝太软，强硬度低而不实用，在工业上会在纯铝中添加其他合金元素（铜、锌、锰、硅、镁、镍等），以增加其强硬度。铝合金具有密度小、质量轻、抗腐耐锈蚀、单位重量的强度大等特性，所以在一些追求轻量化的产品上，铝合金占有很大的竞争优势。例如铝合金、钛合金、复合材料、钢铁、碳纤维等，都是制造航空飞行器的材料，但是铝合金还是最常用的航空材料，所以有些科学家便称铝合金为飞行金属。

高分子材料

（利用塑料做成的鞋，图片提供/GFDL，摄影/SOMeiKUEN）

由许多小分子经聚合反应而键结成的巨大分子，称为"高分子化合物"，它的分子一般可由数千到数十万个原子组成。高分子化合物依来源可分为天然及合成高分子化合物，常见的天然高分子化合物有淀粉、纤维素、蛋白质、天然橡胶，常见的合成高分子化合物则有尼龙、聚乙烯、聚氯乙烯等。

这辆概念车是由PU材质和塑料打造而成，所以车体较一般汽车轻，环保并省油。（图片提供/达志影像）

聚氨酯高分子材料（PU）

我们在生活中常常听到PU一词，所谓的PU塑胶是一种人工合成的高分子聚合物，若以不同的原料组成及采取不同的制造程序，就可生产出不同用途的PU

2008年北京奥运的游泳比赛场馆——水立方，外墙的气泡便是利用聚四氟乙烯膜（又称铁氟龙）做成，材质轻韧且透光性强。（图片提供/欧新社）

塑胶，如热塑性PU、热固性PU、PU泡棉、PU人工皮革等。一般PU塑胶有耐磨性佳、耐久性佳、耐酸碱性佳、具有弹性及韧性等特性，用途极为广泛，例如用于皮鞋、皮包、沙发、运动鞋、运动器材上

左图：运动场的田径跑道，大多采用PU材质。（图片提供/维基百科，摄影/Lumijaguaari）

右图：新加坡动物园的大象因为脚伤，园方特地订制由GORE-TEX材质做成的鞋子，让它穿上保护受伤的脚。（图片提供/欧新社）

生物吸收性高分子材料

聚乳酸－甘醇酸（PLGA）是一种合成的高分子材料，它具有良好的生物适应性与生物可吸收性，可以随着人体内的新陈代谢，分解成小分子而排出体外，所以被应用在生物医学上，例如可吸收式的手术缝合线、药物释放基材、软骨组织再生的鹰架、骨科用来固定的骨钉骨板、人工韧带、人工肌腱、牙齿填补材料等。

GORE-TEX的防水原理。（插画/施佳芬）

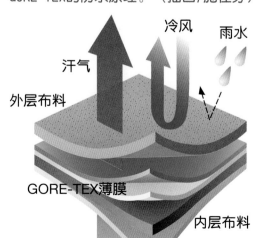

冷风　雨水

汗气

外层布料

GORE-TEX薄膜

内层布料

的PU皮革，学校操场上的PU跑道，运动鞋底的PU塑胶及PU泡棉，游泳池畔及高尔夫球场走道的安全保护垫等。

机能性高科技纤维材料

雨衣虽然防水、防风、防雨，但是当我们穿着雨衣时，都会有湿、闷、热的感觉，这是因为雨衣无法让体内的汗水、热量排出雨衣外。1976年，戈尔（GORE）公司开发聚四氟乙烯微孔薄膜纤维材料（GORE-TEX），在GORE-TEX的布料上，平均每1平方英寸就大约有90亿个微细孔。这些微细孔能完全阻挡强风、冷风，而微细孔的大小又比水滴约小好几万倍，所以能防水；由于微细孔的大小比我们的汗气分子大700倍，所以它还能透气，让人感到干爽舒适。目前GORE-TEX材料已广泛应用在运动衣、雪衣、防寒衣、登山服、雨衣、各种鞋类，让人们更能轻松地享受户外休闲活动。

复合材料

（碳纤维（细）与人类头发（粗）的比较，图片提供/GFDL，摄影/Anton）

所谓复合材料，是指两种或两种以上的不同材料结合而成的功能性材料。一般是由基材和强化材所组成：基材是用来固定结构外形、结合及保护强化材等；强化材的功用则是使复合材料具有高强度。强化材大都以颗粒状、薄片状或纤维状的形式，均匀地散布在基材内。经由不同材料的组合，可将每一种材料的优点表现出来，并补强各成分材料的缺点，进而获得性能更佳的复合材料。

纤维强化高分子复合材料

纤维强化高分子复合材料（FRP）是日常生活中最常见的复合材料，FRP的制造是将玻璃纤维均匀地混入液态树脂（高分子聚合体）后，再加入硬化剂等，利用玻璃纤维强化FRP的强度，同时利用固态树脂使FRP具有延韧性。FRP有防水、耐热、耐寒、耐酸碱、耐腐蚀、质轻有弹性、强度大、难燃、绝

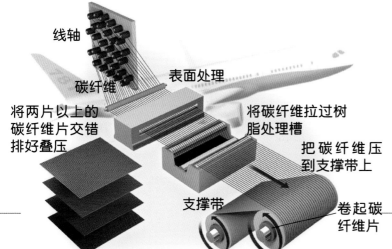

线轴
碳纤维
表面处理
将两片以上的碳纤维片交错排好叠压
将碳纤维拉过树脂处理槽
把碳纤维压到支撑带上
支撑带
卷起碳纤维片

飞机的隐形外衣

我们在电视或电影中可看到隐形飞机，如美国的F-117隐形战机、B-2隐形轰炸机。

美国的F-117夜鹰战斗机，是世界上第一款完全用隐形技术所设计的飞机。（图片提供/维基百科，摄影/Koalorka）

什么是隐形飞机呢？是真的用肉眼看不到、用手摸不到吗？其实隐形飞机是利用特殊的外形，尽量减少并减弱雷达的反射波，并选用能吸收雷达波的材料及涂料，所以雷达很难侦测到它的踪迹。科学家发现由聚醚酮树脂（PEK）与陶瓷纤维所制造的纤维强化复合材料，不但质地轻盈、强度高、耐腐蚀性佳、耐热性佳等，更具有良好的吸波特性，所以用来作为飞机的材料及外壳涂料，让飞机可以在雷达中"隐形"喔！

碳纤维强化高分子材质轻而强度大，在2009年问世的波音787，便是采用碳纤维、钛合金等复合材料。图为碳纤维板的制造过程及波音787。（插画/吴仪宽）

利用纤维强化高分子复合材料所打造的轻艇，是相当轻便的水上活动器材。（图片提供/维基百科）

缘、施工容易等特性，所以常被广泛地应用于水上活动器材，例如台湾制造的游艇大多以FRP作为外壳及补强材料。除此之外，例如浴缸、流动厕所、机动车保险杆、扰流板、家电产品外壳、安全帽、人造大理石等生活用品，也常用FRP制造。

碳纤维强化高分子复合材料

以高分子树脂为基材，将碳纤维埋入其中，就可形成质地轻盈且强度大的碳纤维强化高分子复合材料（CFRP）。CFRP中每一条碳纤维都是由数千条以上更微小的碳纤维所组成，层与层之间是以不规则的方式联结在一起，当CFRP受到外力而滑移变形时，纤维间彼此会嵌在一起，进而增强结构强度，所以有质轻密度小、强度大、抗材料疲劳与潜变等特性。目前CFRP常应用在运动器材（自行车、网球拍、羽毛球拍等）、汽车工业（一级方程式赛车、宾士SLR等）、建筑结构的补强材料和飞行器的结构材料等。例如空中巴士A380及波音

BMW H2R是采用碳纤维车身和铝合金支架，载人并加满油后仅重1,560千克。（图片提供/GFDL，摄影/Stahlkocher）

787等机体结构材料便采用CFRP，以达到更轻、更省油的目的。

动手做小猪扑满

我们也可以自制"复合材料"，一起来做小猪扑满吧！材料：报纸、面粉、平涂笔、容器、气球、刀片、奇异笔、丙烯颜料、白胶、厚纸板、尺　　（制作/杨雅婷）

1. 容器里倒入面粉和水搅拌均匀（不能太稀，否则就会没有黏性），将报纸撕碎放入面糊里浸透待干。吹一个气球，纸片以重复黏贴的方式贴于气球上，可多贴几层会越坚固。
2. 将报纸折出三角形，固定于气球顶的左右两侧，做成耳朵。放在通风处待干后，将气球戳破取出。
3. 底部留一个直径6厘米的圆，再用厚纸板封口，让底部成平底。
4. 用丙烯颜料将扑满上色，画上表情，并在头顶用刀片割出投币孔后就完成。

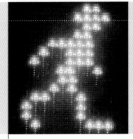

光电材料

（小绿人，LED交通信号灯，摄影/张君豪）

某些材料接收到光感应或光信号时，会直接或间接产生电子感应或电子信号；反之，某些材料接收到电子感应或电子信号时，会直接或间接产生光感应或光信号，这种光电、电光转换称为"光电性质"。不论是金属、高分子、半导体、陶瓷、储能、生物医用材料等，凡具有这种光电性质的材料，统称为"光电材料"。

发光二极体（LED）

发光二极体（LED）是越来越普及的光电材料，采用"电激发光"模式，使半导体发出冷光，多用于照明设备和户外大型看板。LED是一种半导体元件，利用掺杂不同成分的元素与比例到LED的材料中，从而改变材料本身的能隙，控制其所释放出的光的波长与颜色，如

导线接合部分　反射帽　LED芯片　阳极　阴极

左图为蓝光LED的细部结构。（图片提供/维基百科，摄影/outlaw_wolf）

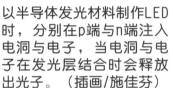

以半导体发光材料制作LED时，分别在p端与n端注入电洞与电子，当电洞与电子在发光层结合时会释放出光子。（插画/施佳芬）

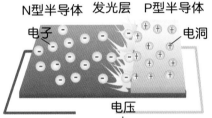

N型半导体　发光层　P型半导体　电子　电洞　电压　－　＋

铝元素加至砷化镓形成的铝砷化镓，可释放出红光，而铝元素加至磷化镓形成的铝磷化镓可释放出绿光。由于LED具备亮度高、寿命长、元件结构小、价格低廉等优点，加上制程技术与半导体相类似，可利用现有的制程设备来大量生产，逐渐成为光电材料应用的主流。其中，以化学元素周期表上的III-V族氮化物材料，最适合作为蓝光到紫光的发光波段材料，将是LED应用的再突破。此外，由于相同的半导体材料所产生的光的波长都很接近，非常符合雷射单一波长的特性，所以也常用来制作雷射。

有机发光二极体（OLED）

有机发光二极体（OLED）就是使

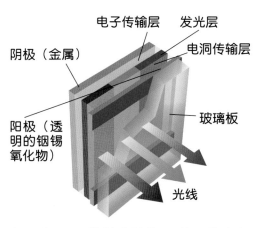

电子传输层　发光层

阴极（金属）

电洞传输层

阳极（透明的铟锡氧化物）

玻璃板

光线

上图为OLED的基本结构，若调整有机发光材料层的成分，可产生出不同颜色的光。（插画/施佳芬）

用"有机的"半导体材料来发光，例如有机染料。OLED的主要用途是制作平面显示板，与LED不同，而与液晶显示器（LCD）的功能雷同。1987年，美国柯达实验室邓青云等人，利用蒸镀的方式制作出具有多层结构的有机发光材料，发现它具有自发光（不需要外在光源）、超薄、低耗电、广视角、高对比、高反应速率、全彩化与构造简单等优点；相对的，LCD则需要光源与彩色滤光片，才能产生不同颜色的光，因此反应慢、体积大、视角有限。此外，OLED可在任何基板表面附着成膜，

内视镜

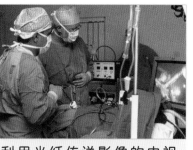

内视镜让医生能以伤害最小的方式，观察病人的身体器官，甚至进行微创手术；也可以帮助科学家与工程师在安全距

利用光纤传送影像的内视镜，可在伤害最小的状况下检查人体的内部器官。（图片提供/达志影像）

离之外，观察危险区域或是不易近距离观察的地方，如火山口、核子反应炉与机械内部等。内视镜早期是利用透镜与反射镜组来传输影像，镜身无法灵活弯曲而使用不便。目前新的内视镜则是利用光纤的特性来传送影像。光纤的中心是一条细长、柔软且高折射率的玻璃纤维丝，外层再以低折射率的塑胶包覆保护，借由中心与外层折射率的差异，根据斯奈尔定律（Snell's Law）的"全反射"原理，可使光信号在光纤中传输时不会被吸收，以确保影像清晰不失真。这也让内视镜变得更加细小柔软，更便于使用。

若能搭配塑胶基板，便能制造可挠曲的显示面板，所以被视为未来最热门的显示器材料。

OLED的特色是厚度仅是目前液晶面板的1/3，更为轻薄而且可以挠曲。图为韩国三星公司生产的40寸OLED面板。（图片提供/欧新社）

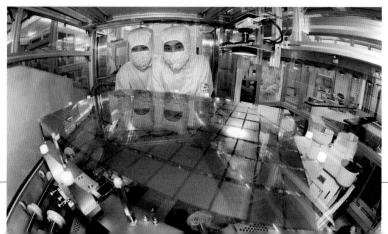

磁性材料

（磁铁玩具，图片提供/GFDL）

磁性材料是一种具有磁性、可以被磁化，或是可以被磁铁吸引的材料，它的成分有（至少需有下列一种）：铁、钴、镍及其合金（例如铁合金），或是与铁、钴、镍有关的氧化物。有些磁性物质容易被磁化，但当磁化原因消失后，也容易消失磁性，称为"软磁性材料"，又称暂时磁铁、软磁铁，如铁钉。某些磁性物质不容易被磁化，但磁化后也不容易消失磁性，便是"硬磁性材料"，或称永久磁铁、硬磁铁，如钢钉。

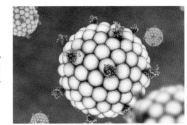

这是纳米磁性体的电脑模拟图，它可以和特定生物分子相结合，用在医学检查和治疗上。（图片提供/达志影像）

纳米磁性体

纳米磁性体的大小约几十纳米，与生物分子相当，具有顺磁性，在鸽子、海龟、蜜蜂与蚂蚁等方向感绝佳的动物体内，都可发现纳米磁性体。它们利用纳米磁性体的顺磁性，去辨别地球磁场的细微变化，为所在位置定位。如果将纳米磁性体表面做适当生化处理，将可与特定的生物分子结合，如病毒、抗体或是酶等，让这些生物分子具有磁性，因而可用来注入人体中与病毒或抗体结合，再利用磁共振成像等仪器来筛检疾病，准确度更高。

稀磁性半导体

半导体产业最重要的电子元件就是

电脑硬盘利用巨磁阻效应来存取资料。图为硬盘结构，上图是新的垂直录写，是将区块做得更小更密集，而且底层具有磁性，可作为磁头的分身，并在区块内上下磁化晶粒。下图是现在采用的纵向录写，这是在磁片顺向或逆向旋转时，将区块内的晶粒磁化以写入资料，这种读写资料的密度已达极限。（插画/吴仪宽）

垂直录写磁头
磁头
磁性层
磁场
磁化方向
磁片
纵向录写磁头
磁头
写入头
电流
屏蔽
电压
磁轨
磁场
磁性层
磁化方向

电晶体，它是利用外加电压来控制电晶体开关，决定数码信号的 0／1；但外加电

左图：这台仪器是磁性电子显微镜（SPLEEM），用来研究表面磁性结构。（图片提供／达志影像）

上图为铁磁流体（上）和稀土磁铁（下），前者是软磁性材料，后者是硬磁性材料。（图片提供／GFDL，摄影／Gregory F. Maxwell）

压消失后，所储存的信号也会不见，这是电晶体的一大问题。若我们在元素周期表中的II-VI族半导体化合物中（如氧化锌），加入带有磁性的过渡元素（如锰、钴、铁），取代化合物中的某些部分，使半导体化合物转变为兼具磁性与半导体特性的电子元件，称为"稀磁性半导体"。它的操作原理与电晶体类似，最大不同在于电子通过稀磁性半导体元件后，受到里面磁性过渡元素影响，会转变为单一的自旋方向。根据电子自旋方向可定义出所需的数码信号0／1，当外加电压消失后，储存的信号仍存在。

例如日本东京大学的田中雅明，便在2002年成功利用稀磁性半导体，做出磁性存储器元件。

图为分子束磊晶系统，是用来研究稀磁性半导体的仪器。（图片提供／GFDL，摄影／Guillaume Paumier）

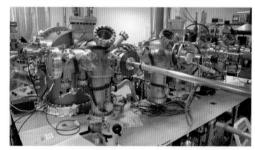

电脑硬盘

在数码时代的今日，到处充斥着资料与信息，我们大多利用电脑硬盘来储存这些资料与信息，但是要如何有效并储存更多的资料呢？科学家利用硬盘读写头的磁场去改变磁性薄膜上磁矩的排列方向，从而影响磁性薄膜的电阻大小，可让电阻大幅增加或降低，并根据磁性薄膜上的电阻变化，代表数码信号的0／1，以

实验室中的德国科学家格林贝格尔，手中拿着硬盘。（图片提供／欧新社）

储存资料，这种现象称为"巨磁阻效应"。1994年，IBM便利用此效应制作出硬盘读写头，并大幅提升硬盘储存量高达17倍，也让硬盘体积大幅缩小。随着技术的进步，目前已有储存量高达2.5TB（2560 G）的硬盘问世。此外，发现巨磁阻效应的法国科学家费尔与德国科学家格林贝格尔，也获得了2007年诺贝尔物理学奖的肯定。

储能材料

（染料敏化太阳能电池，摄影/张君豪）

石油、煤矿等传统能源，由于消耗量大并造成严重环境污染，许多国家开始探索新能源，储能材料开始受到重视。储能材料就是在能量转换后先将能量储存下来，要使用时再将能量释放出来，或先将不同形式的能量储存于材料中，要使用时再转换成我们所需要的能量形式。

储氢合金

在新能源中，氢能是重要的二次能源之一。氢气燃烧所放出的热量是一般汽油、天然气的3倍以上，而且氢气燃烧反应后的产物为水，可大幅降低对环境的污染。不过氢是以气态的方式存在，要如何储存和运输是一大难题。早期是利用高压气体和低温液体来储氢，近年来则研发出"储氢合金"，这是一种金属氢化物的应用，当氢气在金属表面被催化而分解成氢原子，氢原子会扩

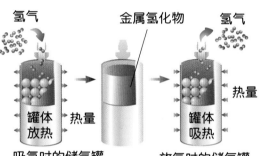

储氢合金原理图。（插画/施佳芬）

散进入晶格中的填隙位置生成金属氢化物，达到储氢的目的。当需要使用氢气时，再对金属氢化物加热或减压，使金属把储存的氢气释放出来，这就是储氢合金的吸放氢反应。我们在日常生活中常见的镍氢电池、燃料电池，都是储氢合金的应用。

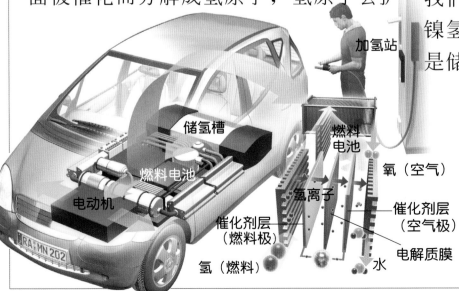

氢动力车（燃料电池汽车）的动力来源为：氢＋氧→水＋电，氢气经由燃料电池转成电之后，再由电动机产生动力，不用加油，只要到加氢站补充氢气就能上路。氢动力车只排放水，不会排放废气，非常环保。（插画/吴仪宽）

太阳能电池

一般的电池，都是借由电池内化学变化产生化学能，再转换成电能，但是太阳能电池则不同。它是一种将太阳能直

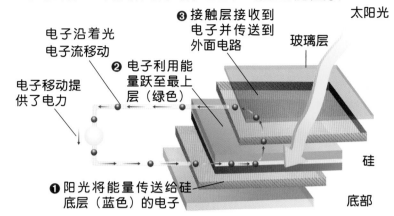

太阳能将阳光转换成电力的原理图。（插画/施佳芬）

❸ 接触层接收到电子并传送到外面电路

太阳光

电子沿着光电子流移动

❷ 电子利用能量跃至最上层（绿色）

玻璃层

电子移动提供了电力

硅

底部

❶ 阳光将能量传送给硅底层（蓝色）的电子

接转换成电能的装置，当太阳能电池内的硅晶圆太阳能板受到太阳光照射时，光子（太阳光的光粒子）与硅晶圆内的电子碰撞后会产生自由电子，形成光电子流，进而产生电能。一般太阳能电池在使用时都是将太阳能电池与铅蓄电池串联，将有太阳光时所产生的电能先储存起来，要使用电能时再取出使用。目前常见的硅晶圆太阳能板有非晶硅、单晶硅及多晶硅3种，其中以单晶硅的光电转换率最高。

由于太阳光能源取之不竭，加上光能可直接转成电能，不会造成污染，所以太阳能是一种极为干净的能源。不过太阳能电池的能量转换效率不高，大面积的太阳能板仅能产生少量的电能，这是亟待突破的地方。

燃料电池

燃料电池是一种能源直接转换装置，让燃料经过化学反应直接转变为电能。它的主要燃料为氢气，来源多而且取得容易，能量转换时不需燃烧，所以不会产生污染。此外，它的发电过程是直接转换，所以能量转换效率很高，不像传统的火力、水力、风力或核能发电，必须经过多次转换才能发电。目前燃料电池的应用领域包含小型发电系统、氢动力车（燃料电池汽车）、潜水艇等。

日本开始出现使用燃料电池的公车。（图片提供/GFDL，摄影/Gnsin）

燃料电池有重量轻、能量转换效率高等特性，而且制作过程中不需昂贵的金属，所以价格低廉。（图片提供/欧新社）

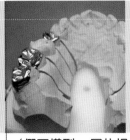

单元 9

生物医用材料

（假牙模型，图片提供/维基百科，摄影/Werneuchen）

生物医用材料是指具有生物相容性或是可被植入活体的人工合成材料，用来取代或修补活体的部分系统，或直接执行其功能。生物医用材料依材料的种类可分为高分子、陶瓷、金属、复合材料等四大类，主要应用有人工皮肤、人工关节、人造骨骼、植入式骨科填补、人工韧带、人工血管、血管支架、人造血液、人造脂肪、人工胰脏、人工心脏、胶原蛋白材料等。

人造骨骼

人造骨骼在临床医学上多用于骨骼移植手术、骨骼修复与再生手术、整形美容手术等。目前常见的人造骨骼材料主要成分为氢磷化合物，虽然它的化学分子式与真实骨骼相同，但结构却不像真实骨骼那样具有多孔性，

这是一种人造骨骼的材料，是由天然的磷酸钙制成，具有和真实骨骼般的多孔结构，可用于骨骼移植。（图片提供/达志影像）

科学家以液态玻璃作为人造骨骼材料，帮助骨质细胞增长并强化骨骼，借此重建已破碎的骨骼或是骨质疏松处。（图片提供/达志影像）

而且强度也比不上，这是因为真实骨骼中的孔隙不仅能让血液流动，而且能有效降低骨骼重量并增加骨骼的结构强度。所以科学界在人造骨骼的研究上，是朝向开发更多孔性的人造骨骼，使用时将人造骨骼植入生物体，并在人造骨骼的微细孔中植入骨骼生长细胞，使骨骼生长细胞能依照微细孔所规划的生长方向长出新骨骼，进而强化人造骨骼，并增加生物的相容性与适应性、延长使用寿命等。例如利用粉末冶金烧结的多孔结构碳化钛金属陶瓷材料（陶瓷骨），它的孔隙率高达50%，结构强度大且质地轻盈。另一种是磷酸钙骨胶原复合骨，它

新一代的人工心脏由钛金属和塑胶制造，不需要外部管线和电源连接便能跳动，可使患者的寿命延长60天至5年。图为英、德两国的卫生首长观摩人工心脏系统。（图片提供/达志影像）

人工血管

有些患者在治疗时，必须长期注射药物或输血，为了减少注射的痛苦，于是开发出人工血管。人工血管是将末端与人体的粗大静脉相连接，当注射药物时，可快速被血液稀释，减少伤害末端小血管的几率。目前常见的人工血管材料有聚四氟乙烯、聚氨基甲酸酯等高分子材料，临床上常见的有植入式人工静脉血管，未来将开发生物相容性与适应性更好的人工血管。

的特性为强度与弹性均接近真实骨骼，并具有良好的生物相容性，不会刺激植入部位的细胞组织而造成发炎，从而减少手术的危险及患者的不适与疼痛。

白色血液

由于捐血所获得的血液只能在冷藏状态下保存35天，为了解决血液库存不足的问题，各国科学家纷纷研究可供急救用的人造血液，这种人造血液是白色的，所以又称为"白色血液"。

人工血液的出现，可以减缓缺血不足的危机。图为日本街头的捐血站。（图片提供/GFDL）

人造血液是以氟化碳化合物为主要配方，科学家发现氧气及二氧化碳容易溶解在氟化碳化合物液体中，所以氟化碳化合物液体能和血液一样，将氧气输送到生物体的各部位，又能将各部位所排出的二氧化碳输送到肺部并排出生物体外；另外，这种人造血液可在室温下储存，而且保存时间更久。不过，人造血液不能输送养分，也不能凝固血液，这也是未来努力的方向。

图为人体中的人工动脉，用来取代原本人体硬化的动脉，让血液能继续流通。（图片提供/达志影像）

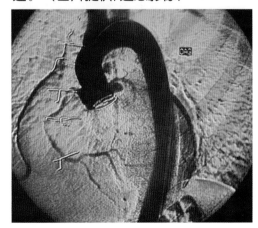

纳米材料

（纳米所制作的防泼水材质，摄影/张君豪）

传统制造技术是将铁、木材、硅等材料切割后，再钻磨成各种形状；而纳米科技则是以物质的基本单位（原子和分子）组合出相当微小的新材料和新物质。纳米材料的大小介于1-100nm（纳米）间，它和传统块状材料在结构、物理、化学、机械等性质方面都不同，其性质会随着颗粒大小的不同而发生变化，例如表面积增大、表面的原子数随之增加，更容易与其他物质起反应。

纳米碳管

1991年，日本NEC公司的饭岛澄男发现纳米碳管，这是一种单层或多层的同轴中空碳管，直径为0.7—50nm，长度约为10nm—10μm（微米），长度更长的纳米碳管正在持续研发中。纳米碳管的质量轻、刚性强、韧性高、导电导热性佳。它可吸收大范围的电磁波波段，是理想的微波吸收材料，例如隐形战机的涂料；或利用其多层中

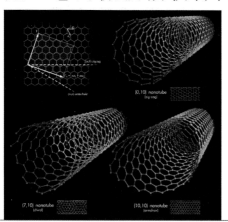

纳米碳管的刚性强且韧性高，是纳米科技中极受瞩目的材料。图为各种纳米碳管模型。（图片提供/GFDL，绘制/Mstroeck）

左图是手持纳米碳管模型的饭岛澄男，他开启了纳米科技的研究热潮。（图片提供/欧新社）

下图为纳米碳管场发射显示器的原理示意图。（插画/施佳芬）

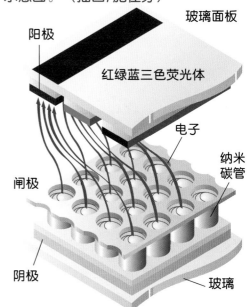

玻璃面板
阳极
红绿蓝三色荧光体
电子
闸极
纳米碳管
阴极
玻璃

空结构所具有的高表面积与高导电率，可制作高性能电池所需的电极。另外，纳米碳管的直径远小于长度，可在施加小电压下，让尖端释放出电子，成为类似纳米化的阴

极射线管，可用于场发射显示器（FED，比LCD更节能的显示器）等。

光子晶体

蝴蝶翅膀上的鳞粉能选择性反射日光而呈现多彩多姿的颜色，这是自然界光子晶体的实例。它是一种能对光做出反应的特殊晶体，体积非常小。由于它可使某一波段间的光无法传递（光子能隙），因此可应用在保护元件上，例如作为手机的微波隔绝保护。若在光子晶体内故意制作一些缺陷，可让单一波长的光在光子晶体内传递而不会被吸收，借此作为高功率的光子晶体光纤，较传统光纤的传输性佳。

光子晶体结构。（插画/施佳芬）

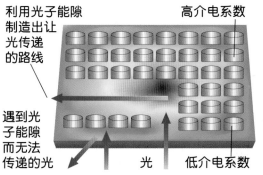

利用光子能隙制造出让光传递的路线

高介电系数

遇到光子能隙而无法传递的光

光　　低介电系数

纳米胶囊

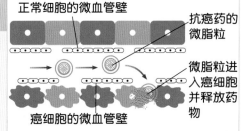

正常细胞的微血管壁

抗癌药的微脂粒

癌细胞的微血管壁

微脂粒进入癌细胞并释放药物

纳米胶囊治疗癌细胞的示意图。带有抗癌药的微脂粒（100nm）可以通过邻近癌细胞的微血管壁，但无法进入正常细胞的微血管壁（80nm以下）。（插画/施佳芬）

传统药物进入人体后，容易被肝脏、骨髓等器官吸收，或被胃酸、酶等破坏分解，真正到达需要用药组织或器官的药物不多。纳米胶囊为一中空聚合物，大小为100—1,000nm，可保护药物不易被破坏分解，并将药物输送至所需的患处，还可控制药物的释放与吸收速度，以提高药效并减少对人体的负担与伤害。目前纳米胶囊已应用于许多疾病的研究上，如糖尿病、癌症与艾滋病。目前也有化妆品公司利用纳米胶囊改善化妆品或是保养品的功效，以确保其有效成分更能有效被人体吸收，例如将化妆品或保养品涂抹于皮肤表面后，促使该化妆品或保养品能被皮肤深处吸收，以发挥最大功效。

光子晶体最早是1987年由奥地利科学家E. Yablonovitch与加拿大科学家S.John分别提出的。光子晶体技术的成熟，有助于光学电脑的实现。光学电脑被视为是新一代的电脑，它以光子取代电子，并以不同波长的光同时运作，取代既有的0/1，速度可快1,000倍。图为光学电脑中不同的光子晶体运作模拟图。（图片提供/达志影像）

单元11 半导与超导材料

电脑是人类文明跃进的重要推手，半导体的出现让电脑性能大为提升。此外，在电脑或是电线电缆传递信号时，如果使用超导材料便可去除外界杂讯影响，加快信号传递速度，提高电子元件的性能。

半导体材料

半导体材料是指材料本身的导电率介于金属与绝缘体之间，它的导电率可借由外在的温度、电场与光线等来改变，硅、锗、砷化镓等都是常用的半导体材料，这可制作出电晶体开关，满足电脑

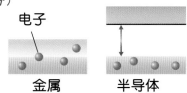

三种不同导电性材料的比较。（插画/施佳芬）

电子　　　　　　　　　　传导带

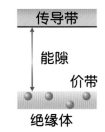

金属　　半导体　　绝缘体

能隙　价带

对于0/1开关的需求。此外，太阳能电池、雷射等也是半导体材料的应用。

半导体存储器是半导体产业最大宗的产品，它的操作原理是利用半导体电晶体开关对电容进行充/放电，借此储存资料。当电容充满电荷时为资料"1"，不具电荷时则是资料"0"。存储器的资料储存容量代表电容的数量，储存容量越大，存储器单位时间内能处理的资料量也越多。另外，存储器在电脑中还有暂存资料的功能，用来加快电脑运算的速度，所以存储器的读取/写入时间越短越好，例如动态随机存取存储器（DRAM）的读取/写入时间为数十纳秒（1纳秒＝10^{-9}秒）。若利用低电阻率的材料可提升存储器的速度，例如使用砷化镓等半导体材料，能改善电晶体开关的速度。

半导体和我们的生活息息相关，电脑、家电都会用到它。图中的研究人员正使用显微镜检查半导体。（图片提供/达志影像）

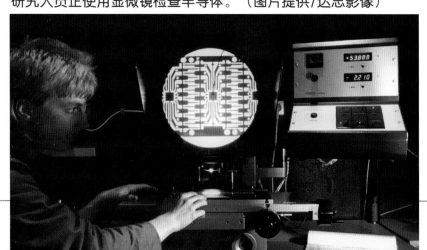

在超导状态时会产生反磁性，称为"麦士那效应"，图中磁铁因反磁性而浮起。（图片提供/GFDL，摄影/Mai-Linh Doan）

 ## 超导材料

1911年荷兰科学家昂内斯在低温实验中，发现水银在绝对温度4K（绝对零度是-273.16℃）左右，电阻率会趋近于零，这也引起学界对超导材料的兴趣。根据临界温度（Tc，超导材料转变为零电阻时的温度）的不同，超导材料可分为高温超导材料与低温超导材料两种，零电阻和反磁性则是它的重要特性。当超导材料在Tc之下，电阻率会近乎于零，超导材料内的磁场会消失并呈现反磁性。所以利用超导材料来传输电力时，几乎没有损失，还有最大的电流密度。德国、日本等国研发出的高温超导电动机，功率是传统电动机的2倍，但电力损耗却只有一半。随着超导材料的进步，高速磁悬浮列车与长距离电力传输线都可望有明显进展。

超导前后的电流流通示意图。超导前的电子流动会受到电阻影响，超导状态时电阻趋近于零，所以电子流动顺畅。（插画/施佳芬）

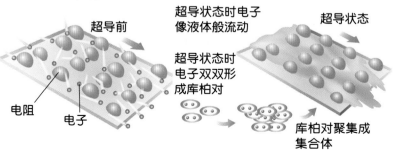

磁共振成像

磁共振成像（MRI）是运用电脑、超导材料等技术来检查大脑、脊椎、肝脏等器官与筛检癌症。人体中的水含量占70%，水分子中的氢原子核若在磁场中，受到外加电磁波的激发，会形成磁共振现象，释放出电磁波，因此不同器官或组织内的水分子，会释放出不同能量的电磁波。MRI便是借由电脑分析不同器官的水分子所释放出的电磁波信号，形成人体内部各器官的立体扫描影像，以协助医生进行疾病的诊断与治疗。由于MRI的解析度和灵敏度，与所施加磁场大小成正比，因此若改用能产生强磁的超导体来制作外加磁场，将可大幅提升磁共振成像的精准度。

MRI不会对人体产生伤害，并可得到更准确的结果。图为兽医帮猎豹进行MRI检查。（图片提供/达志影像）

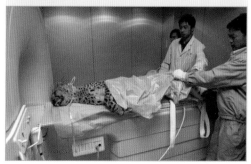

单元12

非晶质材料

（不规则排列的二氧化硅，图片提供/维基百科）

我们常用的影印机，它的核心元件就是由非晶态硒（非晶质材料的一种）所制成的硒鼓。所谓非晶质材料，是指组成材料的原子排列方式没有规则性，或没有固定的排列方式。大部分的材料从液态冷却凝固成固态时，如果是在自然的冷却状况下（缓冷），原子有足够的时间结晶，所以材料会有固定的原子排列方式及结晶性。如果材料是快速冷却至材料的结晶温度以下（急冷），组成材料的原子来不及结晶，排列方式就没有较长距离的规则性，而形成非晶质材料。非晶质材料与晶质材料有许多不同特性，可应用在光纤、计算机存储器、光盘等领域。

非晶质类钻碳膜

非晶质类钻碳膜具有和天然钻石相近的特性，硬度极高、耐磨耗、耐腐蚀、耐氧化、耐化学侵蚀等。由于是以人工的方法生成，也可称为人工钻石薄膜。因为非晶质类钻碳膜具有上述优异的特殊性

0.1 μm

左图：图中看似鹅卵石的影像，是在金表面镀上的类钻碳膜，可用来改善所附着材料表面的特性。（图片提供/维基百科）

质，所以可应用在眼镜镜片和相机镜头上，可更耐磨损；而工业上的成型模具、切削刀具、F1方程式赛车的引擎零组件、飞机活塞及汽缸内壁，也都少不了它。

照相机、眼镜、望远镜等光学仪器的镜片，是成像的关键，但也相当脆弱，若将非晶质类钻碳膜应用在镜片上，将可增强镜片的硬度和耐磨度。（图片提供/达志影像）

化学气相沉积（CVD），是一种用来产生高纯度高薄膜的沉积技术，科学家利用它来制作非晶质类钻碳膜。（图片提供/维基百科）

高乱度合金

高乱度合金又称"高熵合金"，为了与传统合金有所区别，以及充分发挥多元素高乱度的效应，高乱度合金必须是5种主要元素以上所合成的合金，其中每个主要元素的含量都不超过35%。因为各元素有非常多种的配对及组合方式，所以高乱度合金的系统相当多样（约有7,000种），远超过传统合金（约有30种）。其中，高熵是高乱度合金的关键特色，"熵"是计算系统中混乱秩序的度量，而高熵则可简化高乱

金属玻璃

大部分的金属在冷却时都会结晶，而且它们的原子排列方式都有一定的规则；但是如果金属在冷却时，原子是以随机的方式排列而没有结晶，则称为"金属玻璃"。金属玻璃是不透明的，和玻璃一样都没有结晶性，它比一般金属材料具有更高的强度和耐化学腐蚀能力。例如传统的变压器是用硅钢片和线圈制作，容易造成电力的耗损；而采用金属玻璃（非晶质铁合金）制成的变压器，能量损失只有原来的1/5，不但效率高，也节省高额的电费。

变压器可改变交流电的电压，采用金属玻璃的变压器能减少电能损失。图为传统的变压器。（图片提供/维基百科）

度合金的微结构，而且使微结构倾向于纳米化及非晶质化。通过适当的合金配方设计，高乱度合金可获得高硬度、耐高温、耐氧化、耐腐蚀、高电阻率等特性，并优于传统合金，目前广泛应用于高尔夫球杆头打击面、高频变压器、涡轮叶片、超高大楼的耐火骨架等。

利用高乱度合金的高硬度，让高尔夫球杆头的效能更佳。（图片提供/达志影像）

单元 13

绿色环保材料

（可分解垃圾袋，摄影/张君豪）

20世纪以来，科技与经济的进步，虽然提升了人们的生活品质，但也破坏了全球的生态环境，所以，拥有低污染、省能源与可回收三大特色的绿色环保材料，成为材料界追寻的目标。

 ## 环境相容生态材料

环境相容生态材料是以材料科学为基础，以环保生态为理念所发展的产物。它不只走向新材料的研发，也有传统材料的改良，例如竹炭。竹炭

利用生物可分解塑胶（绿色塑胶）制成的餐具，在阳光下就可分解。（图片提供/维基百科，摄影/Scott Bauer）

具有高物理与化学的吸附能力，可过滤水中杂质、消除异味，并能释放对人体有益的微量矿物质与负离子，增进人体健康。此外，若将工业或城市固体废弃物，借由先进的洗净技术，加以回收再利用所生产的建材，称为"绿色建材"，可大量减少天然资源和能源的使用，而根据这种概念所设计的建筑，则称为绿色建筑。

图中T型台上的模特儿，身上所穿的衣服都是由再生品所制成，希望能减少资源的过度浪费。（图片提供/达志影像）

 ## 无卤素材料

无卤素材料是指不使用卤族元素的材料，卤族元素包括氟、氯、溴、碘、砹等。由于卤素材料具有耐热抗燃的特性，其中又以溴化合物效果最佳，因此常用在电子设备与零件或消

防安全设施；但卤素材料燃烧时会产生环境荷尔蒙，即"世纪之毒"二噁英，对人体和环境都会产生严重伤害。近年来国际社会已在推动禁用卤素材料，例如欧盟在2006年推动的"关于限制在电子电器设备中使用某些有害成分的指令"（RoHS）。若以国际电工协会的定义，无卤素材料是指"氯化合物和溴化合物分别含量小于900ppm，总卤素化合物含量小于1,500ppm"。由于卤素材料多用

工作人员将回收的聚乙烯（PE）产品重新熔制，可作为建筑材料。（图片提供/达志影像）

于阻燃剂，所以无卤素材料也着重阻燃剂的研发，常用于电线电缆外皮或是电器外壳等。热门的无卤素材料可分磷系、氮系、金属氢氧化物、硼系与纳米材料等。

中国台湾地区的华硕电脑利用竹子和木头制成电脑外壳，以减少电子产品废弃物所造成的污染。（图片提供/达志影像）

玉米塑胶

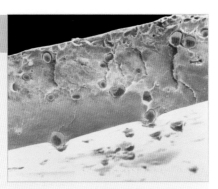

扫描式电子显微镜下的玉米塑胶，当它被埋在土里，其中的淀粉（橘色部分）会使塑料加速分解。（图片提供/达志影像）

目前全球每年塑胶总生产量高达1.5亿吨，单以塑胶袋来说，光是我国台湾地区每年的使用量就有30亿个以上。塑胶无法重复回收再利用，若以掩埋方式处理，则要数百年以上才能自然分解。所以在这环保意识抬头与油价高涨的时代，玉米塑胶成为目前最热门的替代材料。玉米塑胶不需使用可作为粮食的玉米粒，而是将玉米梗、茎中的淀粉分解为糖类，再利用乳酸菌发酵转变为乳酸，接着进行化学聚合反应，生产出聚乳酸，也就是玉米塑胶。玉米塑胶的拉伸强度、弹性和传统塑胶相同，其废弃物掩埋后，只需100多天即可被微生物完全分解成水与二氧化碳，较不会对地球生态环境造成伤害。

（扫描式电子显微镜，图片提供/维基百科，摄影/Hannes Grobe）

材料分析与检测技术

对于材料的分析与检测技术，如同医学检查般重要，主要分为物理与化学性质分析两大领域，前者是针对材料表面、内部结构或晶体结构与缺陷；后者则是针对材料的化学成分与组成或是杂质鉴定。从一般实验室最常见的光学显微镜，到最先进的扫描式电子显微镜或X光绕射分析仪等设备，经常被应用在新材料的研发或是材料制程缺陷分析。目前纳米科技与先进半导体制程的发展，都有赖材料分析与检测技术，以提供完整正确的分析与解答。

X光绕射分析仪

每种材料都会有其特定的晶体结构，我们可利用材料的原子排列形式，分析材料的晶体结构。由于材料晶体结构中的原子间距离与X光波长接近，所以当X光照射在晶体上时会产生绕射图形，可用布拉格公式计算材料晶面间的距离，或是与标准材料的绕射图形作比对，用来判定材料的晶体结构。X光绕射分析仪便是借此原理，用高压电场对电子进行加速，并以加速后的高速电子撞击特定的金属靶材（如铜靶、钨靶、钼靶等），产生的X光包含连续光谱和特性光谱，再用这些光谱对材料晶体进行分析。

研究人员利用X光绕射分析仪来分析水晶的晶体结构，分析结果会以电子探测器记录，并以图表的形式呈现。（图片提供/达志影像）

扫描式电子显微镜

英国剑桥仪器公司在1965年推出第一台商品化扫描式电子显微镜（SEM）后，SEM就逐渐用在半导体、生物、材料与表面科学等领域。一般光学显微镜的放大倍率仅有1,000多倍，SEM的放

图为蛋白质晶体在X光绕射分析仪下的影像，每一个黑点都是一个绕射点。（图片提供/GFDL，摄影/Jeff Dahl）

扫描式电子显微镜可呈现出3D的立体影像，图为花粉结构。（图片提供/维基百科，摄影/Dartmouth Electron Microscope Facility）

大倍率可达1万倍以上，对于目前材料界积极探索的纳米世界，更是不可或缺的工具。SEM的操作原理是借由电子枪产生电子束，并以高压电场加速，再用电磁透镜的磁场使电子束聚焦为更细小的电子束（电子探针）。接下来利用电子束对试片表面扫描，最后由侦测器收集试片表面所释出的电子，再将这些电子信号传到显像系统，便可呈现出试片表面的样貌。SEM若加装其他元件便可分析其他项目，例如能量散布光谱仪

扫描式电子显微镜（SEM）由真空、电子束和显像三大系统组成，样品放在真空系统中。图中研究人员正在操作SEM。（图片提供/达志影像）

世界上最小的字

1990年，美国IBM公司的科学家D.M. Eigler与E.K. Schweizer，利用扫描隧道显微镜（STM），成功地在镍金属表面上用35个氙原子排

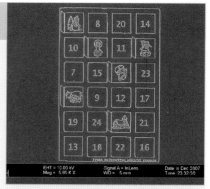

2007年，德国的雷根斯堡大学在砷化镓表面做出全世界最小的耶稣降临历，大小为12X8微米。（图片提供/欧新社）

列出"IBM"3个英文字母。STM是利用针头仅有几个原子大小的针尖，对试片进行扫描，它在针尖与试片表面之间施以电压，以产生微小电流，再借由控制此电流的大小来维持针尖与试片表面的距离，进行扫描，最后呈现试片表面的影像。IBM科学家便根据这一特点，利用针尖的微小电流（即电子流）来移动附着于镍金属试片表面的氙原子，以排列出世界上最小的字。

是收集试片表面所释放的X光，用来分析化学成分特性。

英语关键词

材料　material

陶瓷材料　ceramic material

介电陶瓷　dielectric ceramics

压电陶瓷　piezoelectric ceramics

声纳　sonar

陶瓷引擎　ceramic engine

金属材料　metallic material

合金　alloy

形状记忆合金　shape memory alloy / SMA

高分子材料　macromolecule

塑料 / 塑胶　plastic

聚氨酯高分子材料　polyurethane / PU

生物分解性高分子　biodegradable polymer

复合材料　composite / composite material

基材　matrix

强化材　reinforcement

纤维强化高分子复合材料　fiber reinforced plastic / FRP

碳纤维强化高分子复合材料　carbon fiber reinforced plastic / CFRP

光电材料　photonics material

发光二极体　light-emitting diode / LED

有机发光二极体　organic light-emitting diode / OLED

内视镜　endoscope

磁性材料　magnetic material

永磁材料　permanent magnetic material

稀磁性半导体　diluted magnetic semiconductor

巨磁阻效应　giant magnetoresistance effect

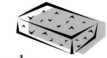

储能材料　energy storage material

储氢合金　hydrogen storage alloy

太阳能电池　solar cell

燃料电池　fuel cell

生物医用材料　biomedical material

人造骨骼　artificial bone

人造血液　artificial blood

纳米　nanometer / nm

纳米碳管　carbon nanotube

光子晶体　photonic crystal

纳米胶囊　nanocapsule

半导体　semiconductor

超导体　superconductor

反磁性　diamagnetism

磁共振成像　magnetic resonance imaging / MRI

非晶质材料　amorphous material

非晶质类钻碳膜　amorphous diamond-like carbon

高乱度合金　high-entropy alloy

金属玻璃　metallic glass

绿色环保材料　green material

环境相容生态材料　ecological material / eco-material

无卤素　halogen free

生物可分解塑胶　biodegradable plastic

聚乳酸　poly lactic acid / PLA

X光绕射分析仪　X-ray diffractometer

扫描式电子显微镜　scanning electron microscope / SEM

新视野学习单

1 关于材料的叙述，哪些是正确的？（多选）
　1.材料是人类历史进步的标志。
　2.传统材料无法变成新材料。
　3.新材料是由不同配方、程序、制作方法所开发出的材料。
　4.传统材料和新材料所制作的产品，外观有明显的不同。
（答案在第06—07页）

2 在下列常见的用品，分别是由哪种材料制成？

　　　　　　　　　・马桶
陶瓷材料・　　　　・GORE-TEX运动衣
金属材料・　　　　・铝合金
高分子材料・　　　・PU跑道
　　　　　　　　　・煤气灶点火器
（答案在第08—13页）

3 关于复合材料的描述，对的请画○，错的请画✕ 。
（　）复合材料是由基材和强化材所组成。
（　）随便两种材料混在一起就是复合材料。
（　）游艇等水上活动器材常使用玻璃纤维塑造外壳。
（　）碳纤维具有质轻、强度大的特色，可用来做运动器材。
（答案在第14—15页）

4 光电材料是现代生活所不可或缺的，哪些说明是正确的？（多选）
　1.发光二极体虽然寿命长，但亮度低。
　2.发光二极体可以自己发光，不需要外在光源。
　3.有机发光二极体具有反应快、视角广、超薄等优点。
　4.内视镜是通过光纤来传送影像。
（答案在第16—17页）

5 下列关于磁性材料的说明，正确的请打✓。
（　）磁铁就是一种磁性材料。
（　）磁性材料根据质材的软硬，分为软磁铁和硬磁铁。
（　）纳米磁性体可用在疾病的检测和治疗方面。
（　）电脑硬盘的读写是利用巨磁阻效应。
（答案在第18—19页）

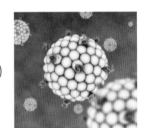

6 关于储能和绿色环保材料的描述，对的请画○，错的请画× 。

（　）氢动力车需要补充氢气和石油。

（　）太阳能电池是将光能转变为电能，相当干净。

（　）燃料电池的主要燃料是氢气。

（　）卤素材料燃烧时会产生二噁英，不环保。

（答案在第20—21、30—31页）

7 关于纳米材料的叙述，哪一项是"错误"的？（单选）

1.纳米材料是肉眼可看见的新材料。

2.纳米碳管的导电性佳，可用来制作高性能电池的电极。

3.蝴蝶翅膀上七彩颜色，便是自然界的光子晶体。

4.纳米胶囊能使药物准确到达患处。

（答案在第24—25页）

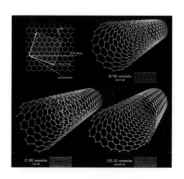

8 下列有关半导和超导材料的叙述，正确的请打✓。

（　）半导体的导电率介于金属和绝缘体之间。

（　）半导体电晶体可控制电脑的0/1开关。

（　）超导材料进入临界温度后会产生更强的电阻和磁性。

（　）超导状态时电子像液体般流动。

（答案在第26—27页）

9 下列产品和哪些材料有关？

人造骨骼·

　变压器·　　　　·生物医用材料

绿色建材·　　　　·非晶质材料

白色血液·　　　　·绿色环保材料

高尔夫球杆头·

　无卤素材料·

（答案在第22—23、28—31页）

10 关于新材料的分析与检测，哪些是正确的？（多选）

1.X光绕射分析仪可鉴定新材料的晶体结构。

2.扫描式电子显微镜的放大倍率和光学式显微镜差不多。

3.扫描式电子显微镜可呈现3D立体影像。

4.X光绕射分析仪和扫描式电子显微镜都是用电子束来扫描。

（答案在第32—33页）

■■ 我想知道……

开始！

水煮蛋是指哪个建筑？外墙采用什么金属材料？ **P.06**

2008年奥运8金得主菲尔普斯的泳装有何特别？ **P.07**

航天飞机壳使用瓷材料

氢动力车不会排放废气，但会排放什么？ **P.20**

燃料电池的燃料是什么？ **P.21**

太阳能电池如何将太阳光转变成电能？ **P.21**

太棒得美牌。

为什么电脑的硬盘能够储存大量资料？ **P.19**

什么是"金属玻璃"？ **P.29**

什么是无卤素材料？ **P.30**

玉米塑胶是用玉米做的吗？ **P.31**

软磁铁和硬磁铁有什么不同？ **P.18**

什么是"人工钻石薄膜"？ **P.28**

磁共振成像的原理是什么？ **P.27**

颁发洲金

太厉害了，非洲金牌也是你的！

内视镜是利用什么来传送影像？ **P.17**

OLED显示器和液晶显示器有什么不同？ **P.17**

红绿灯上的小人是哪种光电材料的应用？ **P.16**

碳纤维料制成车有什

机的外
哪种陶
P.08

陶瓷会产生电吗？
P.09

奥斯卡的小金人是由几种金属材料组成？
P.10

不错哦，你已前进5格。送你一块亚洲金牌！

为什么形状记忆合金会有记忆力？
P.10

了，赢洲金

人造骨骼是用什么材质做的？
P.22

谁需要使用人工血管？
P.23

什么合金被称为飞行金属？
P.11

太好了！
你是不是觉得：
Open a Book！
Open the World！

什么是"白色血液"？
P.23

北京"水立方"外观的气泡是什么材质？
P.12

大洋牌。

蝴蝶的翅膀和光子晶体有什么关系？
P.25

纳米胶囊可以用来做什么？
P.25

PU跑道的PU是指什么？
P.13

复合材的自行么优点？
P.15

玻璃纤维复合材料制成的浴缸有什么优点？
P.14—15

获得欧洲金牌一枚，请继续加油！

穿GORE-TEX材质的衣服为什么可以防水透风？
P.13

图书在版编目（CIP）数据

新材料：大字版 / 许信凯，王贤军撰文. —北京：中国盲文出版社，2014.9

（新视野学习百科；56）

ISBN 978-7-5002-5388-4

Ⅰ. ①新… Ⅱ. ①许… ②王… Ⅲ. ①新材料应用—青少年读物 Ⅳ. ① TB3-49

中国版本图书馆 CIP 数据核字 (2014) 第 205305 号

原出版者：暢談國際文化事業股份有限公司

著作权合同登记号 图字：01-2014-2056 号

新 材 料

撰　　　文：	许信凯　王贤军
审　　　订：	陈建瑞
责任编辑：	亢　淼
出版发行：	中国盲文出版社
社　　　址：	北京市西城区太平街甲 6 号
邮政编码：	100050
印　　　刷：	北京盛通印刷股份有限公司
经　　　销：	新华书店
开　　　本：	889×1194　1/16
字　　　数：	33 千字
印　　　张：	2.5
版　　　次：	2014 年 12 月第 1 版　2014 年 12 月第 1 次印刷
书　　　号：	ISBN 978-7-5002-5388-4 / TB·1
定　　　价：	16.00 元

销售热线：　(010) 83190288 83190292　　　　　　版权所有　侵权必究